应急安全
知识手册

事故安全

云霄鹏　程咸勇 / 主编
刘桂法 / 副主编

中国海洋大学出版社
·青岛·

图书在版编目（CIP）数据

事故安全 / 云霄鹏，程咸勇主编 . — 青岛：中国
海洋大学出版社，2021.5 （2023.10 重印）
（应急安全知识手册）
ISBN 978-7-5670-2821-0

Ⅰ . ①事… Ⅱ . ①云… ②程… Ⅲ . ①安全事故—安
全管理—手册 Ⅳ . ① X928-62

中国版本图书馆 CIP 数据核字 (2021) 第 085792 号

出版发行	中国海洋大学出版社
社　　址	青岛市香港东路23号　　邮政编码　266071
出 版 人	杨立敏
网　　址	http://pub.ouc.edu.cn
订购电话	0532-82032573 （传真）
责任编辑	张　华
印　　制	青岛海蓝印刷有限责任公司
版　　次	2021年6月第1版
印　　次	2023年10月第2次印刷
成品尺寸	120mm×185mm
印　　张	2.5
字　　数	48千
印　　数	5001—7000
定　　价	18.00元

发现印装质量问题，请致电0532-88785354，由印刷厂负责调换。

目 录

家庭生活意外事故

急救常识

有限空间作业事故

一 有限空间是什么

　　有限空间是指封闭或部分封闭，与外界相对隔离，出入口较为狭窄，作业人员不能长时间在内工作，自然通风不良，易造成有毒有害、易燃易爆物质积聚或氧含量不足的空间。

图1-1　有限空间

二 有限空间的分类

有
限
空
间

◎密闭或半密闭设备：
船舱、贮罐、车载槽罐、反应塔（釜）、冷藏箱、压力容器、管道、烟道、锅炉等。

◎地上有限空间：
储藏室、酒精池、发酵池、垃圾站、温室、冷库、粮仓、料仓等。

◎地下有限空间：
地下管道、地下室、地下仓库、地下工程、暗沟、隧道、涵洞、地坑、陵井、地窖、污水池（井）、沼气池、化粪池、下水道等。

图1-2 有限空间的分类

表1-1 有限空间作业的主要安全风险

有限空间种类	有限空间	作业可能存在的主要安全风险
密闭或半密闭设备	烟道、锅炉	缺氧窒息、一氧化碳中毒
	船舱、储罐、反应塔（釜）、压力容器	缺氧窒息、一氧化碳或挥发性有机溶剂中毒、爆炸
地上有限空间	酒精池、发酵池	硫化氢中毒、缺氧窒息、可燃性气体爆炸
	垃圾站	硫化氢中毒、缺氧窒息、可燃性气体爆炸
	粮仓	缺氧窒息、磷化氧中毒、可燃性粉尘爆炸

续表

有限空间种类	有限空间	作业可能存在的主要安全风险
地下有限空间	储藏室、冷库	缺氧窒息
	地下室、地下仓库、隧道、地窖	缺氧窒息
	地下工程、地下管道、污水池（井）、沼气池、化粪池、下水道	缺氧窒息、硫化氢中毒、可燃性气体爆炸

三 有限空间安全作业指南

（一）作业前

1. 充分评估作业环境，制定作业方案和应急预案。

2. 全体人员确认作业安全要求，明确人员职责和联络信号。

3. 对安全防护设备、个体防护装备、应急救援设备、作业设备等进行安全检查，发现问题立即更换。

单一式扩散式气体检测报警仪

复合式扩散式气体检测报警仪

复合式泵吸式气体检测报警仪

图1-3 便携式气体检测报警仪

安全帽　　　　　　　　防护服　　　　　　　　防护手套

防护眼镜　　　　　　　防护鞋

头灯　　　　　　　　　手电

图1-4　防护与照明设备

自吸式　　　电动送风式　　　空压机送风式　　　高压送风式

图1-5　长管呼吸器

图1-6 正压式空气呼吸器（左）和隔绝式紧急逃生呼吸器（右）

全身式
安全带

速差自控器
（防坠器）

安全绳

三脚架
（挂点装置）

图1-7 坠落防护用品

4.将作业区域封闭，在出入口周边显著位置设置安全警示标志和说明。

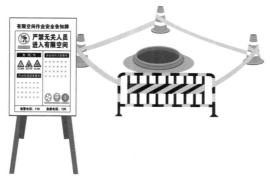

图1-8 作业区域的封闭与警示

5. 对有限空间进行自然通风、安全隔离和气体检测，必要时进行机械通风。

6. 作业各项准备到位、环境检测合格后，选择和佩戴有效的防护装备实施作业。

小提示

作业环境检测内容包括氧浓度、易燃易爆物质可燃性气体浓度、有毒有害气体浓度等，这些指标应达到或符合相关行业标准或国家标准。

（二）作业过程监护

作业过程中应实时监测和连续通风，保持出口通畅，一旦发现异常，作业人员应立即停止作业并迅速撤离。

（三）作业后清理

作业结束后，现场负责人和监护人员应协助作业人员尽快安全撤离，并清点人员和设备，确保有限空间无人员和设备遗留后，关闭出入口。现场清理后解除作业区域的封闭措施并撤离。

小提示

　　生产经营单位应制定本单位有限空间作业事故应急救援预案，并定期对相关人员进行应急救援知识和技能培训，强化其安全意识，提高应急处置能力。

四　有限空间作业事故应急救援指南

　　在有限空间作业事故中，作业人员积极主动的自救逃生意识可提高获救的成功率。同时，科学有效地合理使用逃生设备也有助于被困人员尽早脱离险境。

　　一旦作业人员逃生失败，可根据现场实际情况，采取非进入式救援或进入式救援措施。

1. 非进入式救援

　　救援人员借助相关设备与器材，安全快速地转移出有限空间里的受困人员的救援方式，称为非进入式救援。

　　实施条件：一是有限空间内的受困人员佩戴了全身式安全带，可通过安全绳索与有限空间外部挂点可靠连接；二是受困人员所处位置与有限空间进出口之间通畅，没有障碍物。

2. 进入式救援

实施条件：一是受困人员未佩戴全身式安全带，无安全绳索与有限空间外部挂点连接；二是受困人员所处位置无法实施非进入式救援。

进入式救援风险很大，当救援人员防护不当时，极易出现更大伤亡。因此，救援人员必须经过专门的有限空间救援培训和演练，在科学防护自身安全的前提下，合理应用救援设备施救。

3. 安全施救注意事项

（1）要及时报送事故信息。一旦发生事故，作业现场负责人必须指挥立即停止作业，启动事故应急预案，及时上报事故信息，并综合分析事故具体危害控制情况、应急救援设备配置情况和现场救援能力等因素，判断采取何种救援方式。

（2）严禁强行施救。必须根据实际条件和情况做出判断，依靠专业救援力量科学开展施救工作，避免盲目冲动。救援人员必须在正确携带便携式气体检测设备、正压式空气呼吸器和隔绝式紧急逃生呼吸器、相应侦检设备、通信设备和安全绳索等装备后，方可进入有限空间实施救援。

（3）为减轻伤害，受困人员脱困后，应被迅速转移到安全、空气新鲜处进行正确有效的现场救护。

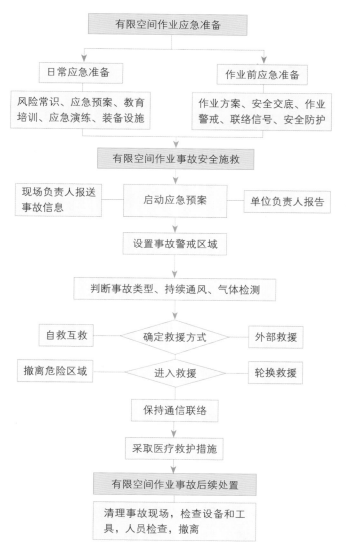

图1-9　有限空间作业事故处置的基本流程

交通安全事故

一 道路交通安全事故

道路交通安全事故一般是指车辆在行驶过程中因过错或者意外造成的人身伤亡或财产损失事件。

（一）车辆碰撞

1.立即停车，稳定情绪，在道路交通事故现场拨打122交通事故报警电话；有人员伤亡的拨打120急救中心报警电话。交代清楚事故发生地点和大致情况并保护好现场，不要移动现场物品。有人员伤亡时，不要私了，走正规法律程序处理。遇到肇事车逃逸时，记下车牌号码以及车辆的车型、颜色、特征、逃逸方向，为后续事故调查提供依据和线索。

交警接到报警电话后，到现场抢救伤者和财产，勘查现场，出具交通事故责任认定书，对肇事责任人进行裁决处罚，并对当事人双方进行损害赔偿调节。

同时，车主或驾驶员也应尽快向保险公司报案，理赔员会主动到事故现场勘验，对事故车辆进行定损。保险公司出具车辆定损清单，明确更换配件、修复车辆的费用和工时。投保人根据清单按程序进行理赔，在车辆定损前不能修理车辆。

图2-1 发生车辆碰撞事故时应立即停车报警

2. 发生故障或交通事故时，应放置三角警示标志提醒后方来车注意，防止引发二次事故。

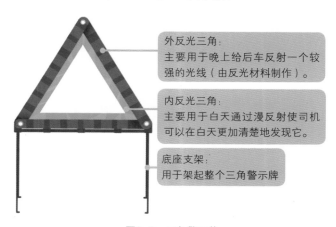

外反光三角：
主要用于晚上给后车反射一个较强的光线（由反光材料制作）。

内反光三角：
主要用于白天通过漫反射使司机可以在白天更加清楚地发现它。

底座支架：
用于架起整个三角警示牌

图2-2 三角警示牌

小提示

买车时一般都会随车配备三角警示牌并放置在车辆后备厢或其内部下方隔板内，用完应放回原位。

在常规道路上，应将三角警示牌设置在车后50—100米处；在高速公路上，则要在车后150米外的地方设置警示标志，雨雾天气时应将距离提升到200米。车上人员应迅速转移到右侧路肩上或应急车道内，打开危险报警闪光灯（双闪灯）并迅速报警。

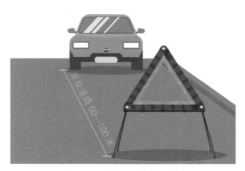

图2-3　设置三角警示牌

图2-4　高速公路交通安全事故的应急处置

小提示

车辆在高速公路上应遵循快慢道划分安全行驶，不得超速。高速公路平均每隔几十千米就会设置有服务区，长时间行车时应及时进入服务区停车休息，切忌疲劳驾驶。

3. 及时抢救伤者和物资。停车后应首先检查有无伤亡人员，尽可能将伤者移至安全地带，以免再次受伤；暴露的伤口要尽可能先用干净布覆盖，再进行包扎，以保护好伤口；利用身边现有的材料如手绢、布条折成条状缠绕在伤口上方，用力勒紧，可以起到止血作用。若无人伤亡时，应迅速抢救贵重物资和车辆。

4. 自行协商和简单程序。若事故未造成人身伤亡且车辆损害情况不严重，当事人双方对事实及成因无争议的，可自行协商处理损害赔偿事宜。轻微交通事故（没有人员伤亡、未损坏公共设施、车辆仍能正常行驶、双方车辆手续齐全、车损较轻且金额在2万元以下、当事人对于归责无争议）可进行保险快速理赔。车辆可以移动的，当事人应在确保安全的原则下对事故现场多角度拍照取证后立即撤离现场，将车辆移至不妨碍交通的地点再协商。

小提示

车头、车尾和两侧车底是因车身遮挡驾驶员视线而形成的驾驶盲区，车辆起停前，应先确认周边是否有低矮障碍物和小孩。

（二）车辆制动失效

1. 驾驶员开启危险报警闪光灯（双闪灯），握紧方向盘，控制车辆方向，设法避开车辆和人员较多的地方。

2. 不断地踩制动踏板，迅速挂低速挡控制车速。

3. 借助地形，合理选择天然障碍物或上坡辅助，超常规停车。

（三）车辆转向失灵

1. 先减速，然后尽量靠右行驶，缓踩刹车，缓慢停车。

2. 汽车偏离直线行驶方向时，采取渐进方式缓踩制动踏板，缩短停车距离，减轻撞击力度，并提醒其他车辆避让。

（四）车辆侧滑

驾驶员应避免猛转方向和紧急制动，而是应立即松抬加速踏板，同时稍向侧滑的一方转动方向盘以摆正车身、稳住方向，恢复正常行驶或选择路边停车。

（五）车辆爆胎

1. 突发性爆胎时，车辆容易侧偏，急刹车的话会加重侧偏并致使翻车，因此千万不要急刹车、猛打方向，应当轻踩刹车，缓慢减速。

2.缓慢减速的同时，双手紧握方向盘，向爆胎的反方向轻转，尽力使车直线行驶。

3.车速降低后打开转向灯，在相对安全的地方停车。停车后，打开危险报警闪光灯（双闪灯）并拿出三角警示牌放置在车辆正后方，防止后车追尾发生二次事故。

4.如在高速公路上发生爆胎，应尽量将车辆靠边停放，车上人员立即撤离到护栏外，然后报警求助。

小提示

应随时关注车辆轮胎气压的稳定。轮胎气压太低，在行驶时会使轮胎两边大面积接地、摩擦；而轮胎气压太高则会使轮胎顶部加速磨损，从而引发爆胎事故。

（六）车辆自燃

车子线路短路、渗油等内部故障，或外部环境高温、干燥天气等条件下，都可能诱发车辆自燃，其应急处置如下。

1.车辆行驶过程中，车头突然冒黑烟或火苗时，应立即靠路边停车、熄火，关闭电源以断开油泵，减少汽油燃烧。

2.小部位起火且只有少量烟雾时，用车载灭火器喷洒起火点。

3. 火势比较严重时，不要贸然打开车辆前盖，否则猛然打开前盖时氧气快速进入，会导致火势突然变大，造成烧伤。应先将前盖打开一条小缝，让氧气进入一段时间后再慢慢打开，用灭火器扑救。

4. 身上衣物被引燃时，马上在地上打滚灭火，并脱掉燃烧的衣物。若衣物已经粘连皮肤，切勿强行撕下，应立即就医。

（七）车辆落水

1. 一般情况下，汽车入水时电路并不会立即失效，所以要用最快的速度解锁车门、车窗或天窗，打开后尽快逃离。

2. 当车子完全被水淹没、车门无法打开时，应等待车内外水压平衡后，再打开车门。

3. 如果正常方法不能打开车门、车窗，可以用安全锤击打车窗四角，砸开车窗逃生。如果车中没有安全锤，可以利用车座头枕撬窗逃生：用头枕的两根金属棒插入车窗底部车窗与橡皮密封圈的缝隙当中，而后用力向上撬，车窗玻璃就会慢慢碎裂。

小提示

购买安全锤时要选择锤头是尖的，并且放置在司机随手可触的地方。

4. 如果车门、车窗难以打开，还可从后备厢逃生。先设法进入后排，将后排座椅靠背扳倒。椅背解锁键一般在后窗玻璃下方附近，用双脚将后排座椅完全放倒，然后钻进后备厢，找到尾厢锁芯堵盖，用钥匙等硬物将其撬下，顺时针方向拨动白色锁芯，尾厢盖便会自动弹开。

图2-5 从汽车尾厢逃生

二 恶劣天气行车注意事项

1. 保持安全车距很关键，车速不能过快，行驶过程中要随时注意前方和左右两侧的车辆。

图2-6 雨雪天行车应注意保持安全车距

2.仔细观察路面情况，小心慢行。

3.车辆故障时开亮雾灯、近光灯和危险报警闪光灯（双闪灯），紧靠路边停车并放置明显警示标志。

4.应利用发动机的制动作用降低车速，避免紧急制动。

三 行人交通事故

安全出行要点

1.行人要走人行道，没有人行道的靠路边行走，注意正在转弯和倒车的车辆。

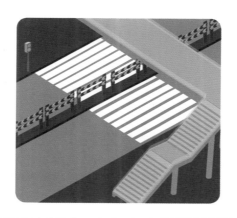

2. 过马路时，应走人行横道、过街天桥或地下通道，遵守交通信号灯指示并在确认安全后再通行，切勿在车辆临近时突然加速横穿或倒退、折返。

3. 不得攀爬、跨越人行护栏或倚坐道路隔离设施，不得在道路上扒车、强行拦车、追车、抛物或实施妨碍道路交通安全的行为。

4. 儿童或精神疾病患者、智力障碍者出行时应有人看护和带领。高龄老人或行动不方便的人员出行最好有人陪同。

5. 行人不得进入内（外）环路、高速公路、高架桥、隧道或有隔离设施的机动车专用道。

图2-7　行人安全出行要点

行人应自觉遵守道路交通安全法规，遇到交通事故时，应注意：

1. 行人与机动车发生交通事故后，应立即报警，并记下肇事车辆的车牌号，等候交警处理。

2. 行人被机动车严重撞伤的，驾车人应立即拨打110报警，并拨打120医疗急救电话。同时，检查伤者的受伤部位，采取止血、包扎或固定等初步救护措施，保持其呼吸通畅。必要时立即进行心肺复苏法抢救。

3. 行人与非机动车发生交通事故后，在不能自行协商解决的情况下，应立即报警。

4. 遇到肇事者逃逸情况，及时追赶并求助于周围群众。

5. 遇到重大交通事故时，为避免加重伤者脊椎骨折伤情，千万不要翻动伤者。

四　其他交通意外事故中的应急自救

（一）公共汽车/长途客车意外事故

1. 在车内发现易燃易爆物品、闻到烧焦物品的气味或有不明烟雾时，应及时通知司售人员。司售人员停车检查并将乘客疏散到安全区域有序撤离，注意关照老幼病残孕乘客。

2. 公交车发生火灾时，要用衣物捂好口鼻以防止吸入烟雾，车辆停稳后立即从车门、车窗或天窗三个出

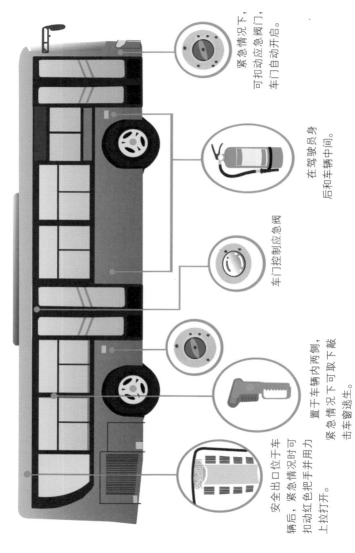

紧急情况下，可扣动应急阀门，车门自动开启。

在驾驶员身后和车辆中间。

车门控制应急阀

置于车辆内两侧，紧急情况下可取下敲击车窗逃生。

安全出口位于车辆后，紧急情况时可扣动红色把手并用力上拉打开。

图2-8 公交车上的应急装置

口逃生。因火势和烟雾随空气上升，所以逃生时应低头弯腰俯身前行。逃生时注意避免大喊大叫，防止吸入烟雾。

3. 车辆坠河或侧翻时，可尝试推开天窗，踩座椅等爬上天窗逃生。

4. 发生事故时，乘客应避免惊慌、拥挤，可双手抓紧前方座椅并低下头利用靠背和手臂保护头部。要服从司售人员指挥，迅速有序撤离。不要对驾驶员提出各种要求，更不要在车辆行驶时贸然从车上跳下。

5. 有伤亡情况时，及时拨打110、120报警救助电话，积极自救、互救。

6. 家长做好监护措施，不要让儿童在行驶的车内跑跳、打闹。

7. 紧急情况下，路人可通过旋转车辆外侧的安全阀协助打开车门并及时报警，合理救助，不要围观。

小提示

利用安全阀在车辆断电、断气时也可以打开车门。但如车辆失火，车门受撞击或高温导致变形，旋转安全阀后依然无法打开车门，勿强行开车门，一定抓紧时间，选择从车窗逃生。

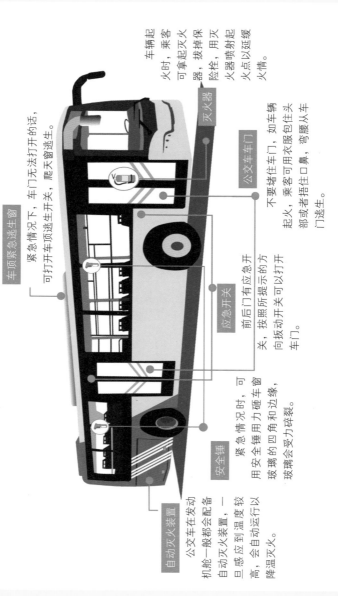

车顶紧急逃生窗

紧急情况下，车门无法打开的话，可打开车顶逃生开关，爬天窗逃生。

灭火器

车辆起火时，乘客可拿起灭火器，拔掉保险栓，用灭火器喷射起火点以延缓火情。

公交车车门

不要堵住车门，如车辆起火，乘客可用衣服包住头部或者捂住口鼻，弯腰从车门逃生。

应急开关

前后门有应急开关，按照所提示的方向扳动开关可以打开车门。

安全锤

紧急情况时，可用安全锤用力砸车窗玻璃的四角和边缘，玻璃会受力碎裂。

自动灭火装置

公交车在发动机舱一般都会配备自动灭火装置，一旦感应到温度较高，会自动运行以降温灭火。

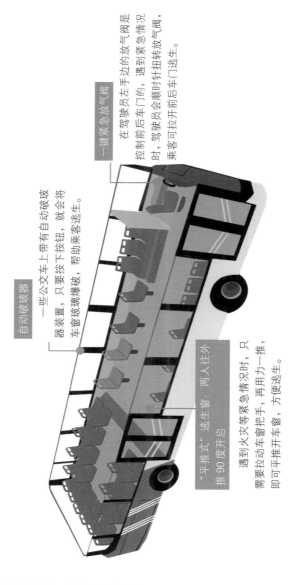

一键紧急放气阀

在驾驶员左手边的放气阀是控制前后车门的，遇到紧急情况时，驾驶员会顺时针扭转放气阀，乘客可拉开前后车门逃生。

自动破玻器

一些公交车上带有自动破玻器装置，只要按下按钮，就会将车窗玻璃爆破，帮助乘客逃生。

"平推式"逃生窗 两人往外推90度开启

遇到火灾等紧急情况时，只需要拉动车窗把手，再用力一推，即可平推开车窗，方便逃生。

图2-9 公交车应急装置使用指南

（二）铁路运输意外事故

1.乘客保持镇静，听从工作人员指挥，有序撤离或积极参与抢救伤员。

2.察觉火车发生剧烈抖动、有可能脱轨或发生其他危险时，立即就近抓住座椅、扶手、栏杆等物品稳定身体，不要在过道上随意走动。照顾好老人和儿童，注意保护好头部等身体关键部位。

3.车厢发生颠覆时，用车厢中的消防锤砸破车窗逃生，注意防止电击及跳窗时摔伤。应从列车运行左侧方向跳出逃生，防止被邻线来车所伤。

4.发生火灾时，用湿毛巾等捂住口鼻，在工作人员指挥下有序撤离到安全地带，防止发生二次伤害。

5.紧急情况下生命至上，切忌因不舍随身财物而错过逃生时机。

（三）航空事故

1.如果晕机，要在登机前服用防晕药，并注意减少活动。

2.登机后，熟悉机上安全出口和应急设施，认真收听有关航空安全知识，按要求系好安全带，尽量将安全带系在骨盆以下部位。

3.因飞行高度发生变化引起耳中压迫感和轰鸣感时，可小口喝水、进食或做吞咽动作，以保持耳腔内气压平衡。

4.飞行过程中，如飞机遇气流发生颠簸，不要离开座位随意走动，确认系紧安全带并注意保护头部。

5. 突发事故时保持冷静，在乘务员指导下有组织地采取安全自救措施，在飞机紧急着陆或迫降后有序撤离。

（1）确认系好安全带，遇空中减压时，应立即戴上氧气面罩。

（2）飞机紧急着陆和迫降时，应保持正确的姿势：系紧安全带，弯腰，双手在膝盖下握住，头贴双膝，两脚前伸紧贴地板；脱掉高跟鞋、丝袜并摘下眼镜等妨碍逃生的物品，听从空乘人员指挥，迅速有序地由紧急出口滑落地面。

（3）机舱内出现烟雾时，把头弯到尽可能低的位置，屏住呼吸，用水浇湿毛巾并捂住口鼻后再呼吸，弯腰或爬行到出口处。在飞机撞地轰响瞬间，飞速解开安全带，朝外面有亮光的出口全力逃跑。逃离飞机后迎着风快速奔跑，尽可能远离飞机。因为飞机发生意外时会产生浓烟并有爆炸的危险，浓烟和火焰会随风蔓延，所以顺风跑动可能会受到二次伤害。应逆风逃至离失事地点至少150米处等待救援。

（4）若飞机在海上失事，要立即穿上座位下的救生衣并脱去多余的衣物和鞋，逃出机舱前不要给救生衣充气，否则机舱进水时易被困。

如果和家人分散，逃生时互相寻找会浪费宝贵的逃生时间。应全家人尽量坐在一起并准备好分别逃生。

务必系紧安全带，安全带越松，坠机时人体所受的冲击力越大。尽量使安全带上侧低于髋骨，否则紧急情况时绕在腹部易致内伤。要熟悉安全带的使用，尤其是解安全带，否则会给逃生带来更多困难。

熟悉座位附近两个逃生口的位置，以便在黑暗中也能找到出口。选择安全的逃生出口，不要抢救行李以免错失逃生良机。

飞机的座位如果都是面朝后的，乘客会更加安全。

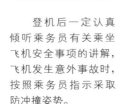

飞机失事时常会产生大量有毒烟雾，过量吸入的话会导致死亡。要学会使用防烟头罩。

登机后一定认真倾听乘务员有关乘坐飞机安全事项的讲解，飞机发生意外事故时，按照乘务员指示采取防冲撞姿势。

头部前倾，尽量贴近膝盖

小腿尽量向后，超过膝盖垂直线以内

座椅调整为垂直状态

图2-10 安全乘坐飞机的注意事项

小提示

空乘人员接受过专业训练，迫降时一定要认真听从他们的指挥，有组织地逃生比拥挤争抢获救生存概率更大。

（四）轮船等水上交通事故

1. 船舶遇险时，要保持冷静，听从船上工作人员的安排。不要乱跑、推搡拥挤或擅自攀爬船杆，以免意外落水。

2. 迅速拿来救生衣并穿好，有救生圈的拿来装备好。没有救生衣可用其他漂浮物体作为救生用具，如大块泡沫、空木箱、船舱木板、木凳。

3. 若有火灾，要用湿布或打湿的衣物捂住口鼻，向起火的上风位置逃生，在上风（即迎风）一侧下水逃生，尽可能远离船体破损缺口位置。

4. 船只下沉时勿在倾倒的一侧下水，以防被船体压入水下难以逃生；如果船体尾部先下沉，应逃到船头处下水。

5. 跳水逃生前扎紧袖口、裤口、腰带等，不要慌张，要观察船只及周围情况，避开水上漂流的硬物。

6. 穿救生衣跳水，要双臂交叠在胸前，压住救生衣。跳时要深吸一口气，用手捂住口鼻，眼望平视前方，双腿并拢，身体保持垂直姿势，脚先下水。入水时两腿夹紧伸直，头在上、脚在下，双手不能放松，直至重新浮在水面上。

7. 落水后往下沉时，要保持镇静，紧闭嘴唇，咬紧牙齿憋住气，不要在水中拼命挣扎，应仰起头，使身体倾斜，保持这种姿态，就可以慢慢浮出水面。

8. 浮上水面后，不要将手举出水面，要放在水面下划水，使头部保持在水面上，以便呼吸空气。尽量脱掉鞋子和较重物品，寻找漂浮物并牢牢抓住。

9. 不要离出事船只太远，要通过各种方式（呼喊或挥动鲜艳衣物等）向岸上求救，尝试慢慢向岸边游动或游上岸；水流很急的话，可顺着水流游向下游回岸边；如河流弯曲，应选择水流内侧较平缓的浅水处上岸或等待救援。

10. 木质船舶翻船后，一般会飘浮于水上，人入水后，应立即抓住船边并设法爬到翻扣的船底旁，等待救助。其他非木质船翻了会下沉，但有时船翻后，因船舱中有大量空气而漂浮在水面上，这时不要将船翻正过来，要尽量使其保持平衡，避免空气跑掉，并设法抓住翻扣的船只，以等待救援。

小提示

落水后要注意保持体温，最好的姿势是双脚并拢并屈到胸前，两肘紧贴身旁，两臂交叉放在救生衣上，使头部露出水面。

家庭生活意外事故

一 火灾

（一）身边的火灾隐患

1. 超负荷用电或电器使用不合理，电器或线路老化，违规使用。

2. 乱扔烟头，火源防范与处理不当。

3. 家用电器与易燃物距离过近或待机时间过长，未及时关闭电源。

4. 防盗窗未留安全门，阳台、楼道堆积过多杂物。

5. 消防设施老旧，未及时更新维护，消防通道被占用。

6. 消防安全教育不到位，许多人从思想上不重视火灾隐患的危害性。

（二）家庭不同类型火灾的应急策略

1. 电器起火

家用电器着火时，应立即切断电源。若无法断电，务必先拔掉插头，或直接拉断电闸。切忌用水扑救，因为水能导电，易造成二次伤害。

2. 油锅起火

立刻用锅盖盖住油锅，以隔绝空气，之后彻底关掉燃气阀门。切勿直接浇水灭火，以免油滴溅起、加重火情。火势不大的话，也可将切好的冷菜沿锅边放入，火会自动熄灭。

3. 电脑起火

立即拔下电源，用干粉或二氧化碳灭火器扑救。起火早期也可拔下电源后迅速用湿毯子或棉被等覆盖电脑，切勿泼水，以防温度突然下降引起爆炸。

（三）正确逃生

1. 观察周边环境情况，及时规划逃生路线。根据周围的烟、火势、温度等具体情况综合判断，不要盲目采取行动。

2. 若浓烟弥漫，设法用湿毛巾捂住口鼻，向火势较猛的反方向，尽可能压低身子，沿墙壁边缘匍匐爬行逃生。逃生时，尽可能浇湿衣服或用湿棉被、湿毛毯裹住头和身体，以免身上衣物着火。

3. 若身上着火，立刻脱掉起火衣物或就地打滚儿，注意倒下的地方不能有可燃物。向着火的人身上浇水或在土地上打滚也能熄灭火苗。

4. 等待消防救援时应先用湿毛巾或湿衣物将门缝、窗缝堵严，以防烟火蹿进室内。从低楼层跳楼逃生前，应先向地面抛下棉被等缓冲物，然后顺窗下滑，尽量双脚先落地。

先不要急于跳楼!

保持冷静，先查看周遭起火的具体情况再谋划逃生路线，千万不要急于跳楼!

逃生方向选择?

上层起火时，要向楼下逃生；下层起火且火和烟雾已封锁向下逃生的通道时，应尽快往楼顶平台逃生。

不要急着开门!

不要先急于开门，如果火势较大，很容易在猛然开门的瞬间侵入大量烟雾，导致窒息。可先用手背轻轻触碰门把手的温度，如温度很高或门缝中钻入烟雾，就先不要急着开门。

封锁房门再报警!

如果火势太大无法逃生，首先封锁房门，然后拨打119报警，说明详细地址、起火位置、火势大小情况。

发出求救信号!

可在白天挥动色彩鲜艳的衣物、晚上用手电筒和手机闪光在阳台或窗口发出求救信号，以引起注意，方便被消防员找到。

不要乘坐电梯!

千万别乘坐电梯！电梯钢制材料并不防火，受高温后易变形和下坠，还容易被卡住。一定记得走楼梯逃生。

图3-1 家庭火灾逃生指南

（四）灭火器和消火栓的正确使用

　　家用灭火器一般为干粉灭火器，它适用于扑救普通固体物质火灾、液体和气体火灾、带电物质火灾等。泡沫灭火器则不能用于扑灭电器或气体引发的火灾，汽车上可配备泡沫灭火器。应到正规消防器材店购买2—4 kg的合格不过期的灭火器。

灭火器使用方法

1. 取出灭火器，上下摇晃以使里面的干粉松动均匀。

2. 拔下灭火器保险销，拔掉上面的金属环。

3. 用力压下手柄，使里面的干粉粉末喷射出来。

4. 距离火源约5米，一手握住喷管前端，另一只手提起提把，按压开关，对准火源根部扫射。

图3-2　正确使用灭火器

公共场所一般都会配备消火栓，安装于消防箱内，并连接有消防水带和水枪等。我们也应学会正确使用消火栓。

① 打开消防箱，取出连接的水带。

② 将水带的一端与消火栓接口连接，另一端接口与水枪连接，确保接口牢固。

③ 连接水源，用工具逆时针打开水阀放水。

④ 双手紧握水带及水枪头，对准着火点射水直至火势变小、火苗熄灭。

图3-3　正确使用消火栓

二 燃气泄漏

燃气泄漏易引发爆炸事故，对家庭成员的生命及财产造成巨大损失，因此应加强燃气安全使用意识。

使用燃气后，务必同时关闭燃气灶开关和燃气管道阀门。

经常检查胶管连接处的固定情况及胶管是否老化、开裂，发现问题应及时更换。

长时间使用燃气必须开窗通风，确保空气对流通畅。

若闻到异味，应立刻敞开门窗，并及时拨打燃气公司电话报修。

一定要使用符合国家标准的燃气灶具，严禁使用红外线灶具。

图3-4 安全使用燃气

一、如何判断燃气泄漏

1. 天然气的主要成分为无色无味的甲烷（CH_4），入户前添加了臭味剂以便人们及时发现燃气泄漏，因此，可通过闻臭味来判断燃气是否泄漏。

2. 可在家中燃气管道接口处或发出"嗞嗞"声音处涂抹肥皂水，如有气泡冒出，则有燃气泄漏。未使用天然气时，看燃气表指针是否在动。一旦泄漏，家中报警器自动报警，忌明火检查。

二、发现燃气泄漏后如何处理

1. 保持冷静，关闭燃气总阀，迅速打开门窗，通风换气。

2. 不要在现场打电话、开关灯以及开排气扇或油烟机。

3. 迅速撤离现场，到室外拨打燃气抢修报警电话，由专业人员上门处理。

三、发现人员燃气中毒如何处理

1. 立即关闭入户燃气总阀，迅速打开门窗，尽快离开中毒现场。若中毒人员已失去行为能力和意识，也要设法尽快转移。

2. 转移出去后，使中毒人员侧卧位，防止因呕吐导致窒息。

3. 拨打 120 急救电话，说明地址和中毒人员具体情况，尽快安排就医治疗。

图3-5　燃气泄漏的应急处置

三　高处坠落

发生高处坠落时，急救应注意以下这几点。

1. 去除伤者身上和口袋中的物品，尤其是硬物，观察伤者有无意识和呼吸、心跳，观察其有无出血和骨折。

2. 拨打120，报告详细地址和伤情，有针对性地对伤者进行心肺复苏或止血急救。

3. 为避免加重伤者受伤程度或导致进一步骨折，不要轻意搬动坠落的伤者。可在原地查看其受伤具体情况，注意观察其呼吸通畅情况，并用衣物等盖住其身体保温，按照120急救人员的指示做初步处理。

四　触电

家庭生活中，触电是常见的意外事故之一。许多家庭的电器设备老旧，存在线路老化和使用不当等情况，都易产生危险。

（一）现场应急处置

1. 发生事故时，首先应先确认人员是否触电。通常情况下，轻度触电者表情呆滞、面色苍白，对事物短暂性失去反应；中度触电者呼吸加快并变浅，会短时性昏迷；重度触电者则会昏迷，严重者瞳孔散大、心脏停止博动。

分离人体与带电体，断开电源。如无法及时找到或断开电源，可寻找绝缘物体如衣物、木板小心地挑开带电体。

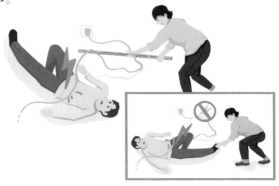

图3-6　分离人体与带电体

小提示

　　发现有人触电时，一定先使其脱离电源再根据情况处置。救护者一定要做好自身防护。因为触电者身体带电，脚上鞋的绝缘性可能也被破坏，因此，抢救时不能直接触碰触电者的皮肤，也不能抓鞋子。

　　2. 观察触电者有无意识和呼吸，摸其颈动脉有无搏动。如轻度昏迷但尚有心跳和呼吸，可掐人中等穴位使其苏醒，并立刻送医；对于没有呼吸但仍有心跳的触电者，可采取口对口人工呼吸的方法；如触电者有呼吸但心跳已暂停，则立刻将触电者在地上放平，并马上开始进行胸外心脏按压。

3. 拨打120急救电话，利用手机免提功能，按急救人员的指示，边打电话边持续实施胸外心脏按压，等待急救人员到达现场。

（二）家庭用电安全注意事项

1. 要及时更换老化、破损的电源线、插座及家用电器，并定期检查；装设具有过载保护功能的漏电保护器，以免发生意外。

图3-7　注意家庭用电安全

2. 更换或修理电器之前，务必切断电源。

3. 不用湿布擦拭、湿手触碰各类电器和电源、插座。

4. 使用电器后，及时拔掉电源插头；插拔电源插头时不要用力拉扯，以防电线漏电造成触电。

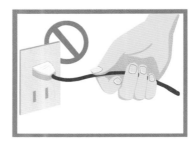

图3-8　注意插拔电源插头的安全

5. 电源插座、电器开关尽量安装在儿童接触不到的地方，有儿童的家庭要为电源安装防触电保护盖，通电的电器开启儿童安全锁。

6. 电器起火决不能用水扑救，水会导电，造成触电。

五 溺水

夏季，人们尤其是青少年喜欢去水边玩耍，多地都有溺亡事故发生。溺水者常表现为神志丧失、呼吸停止及大动脉搏动消失。

（一）溺水者的辨别

1. 溺水者不会呼救和挥手求救，只能本能地向两侧伸出双臂并向下压，好让头露出水面，溺水的儿童手臂可能前伸，但无法向前移动。

2. 溺水者的口鼻时浮时沉，或头离水面很近，嘴巴在水面上，也可能头后仰而嘴巴张开，儿童则可能头前倾。

3. 溺水者会双眼呆滞，无法聚焦或闭眼；身体直立于水中，腿不动，看起来像在看天空或泳池边。

4. 戏水的儿童一般都会发出玩闹的声音，突然安静无声时家长须警醒并查看。

（二）溺水时的自救

1. 落水后立即屏住呼吸，放松身体，扔掉口袋里的重物，尽力保持冷静，不要胡乱挣扎，节省体力。

2. 头向后仰，口鼻露出水面进行呼吸和呼救，尽量用嘴吸气、用鼻呼气，呼气要浅、吸气要深，防止呛水。

图3-9　溺水时尽量头向后仰

3. 水有浮力，上浮的时候双臂张开，顺势向下划水；下沉时，用手掌往下压水。

4. 尽可能地利用水上的漂浮物漂浮在水上。在水中突然抽筋又无法靠岸时，若呼救不成，可深吸气口潜入水中，将抽筋的腿用力伸直，然后用手向上扳脚趾以缓解，勿胡乱挣扎。

小提示

　　"水母漂"适用于会游泳但体力不支的情况，可以保存体力并使自己漂浮于水面。

动作要领：

1. 吸气后脸向下浸入水中，四肢自然下垂，全身放松地漂浮。

2. 头在水中，不要憋气，而是要自然缓慢地吐气以节省体力。

3. 需要吸气时，双手向下、向外压划水，借以抬头吸气、吐气，然后低头恢复漂浮姿势。

图3-10 "水母漂"

（三）溺水时的他救

1. 拨打120急救电话并向周围人大声呼救，尽量避免单独下水营救。

2. 寻找漂浮物和牵拉物，如长树枝、木板、绳子，帮助溺水者靠岸。

3. 下水营救时，应从后面接近溺水者以防被抱住而一起沉水。可先将其头部托出水面，使其尽快呼吸空气。

4. 救出溺水者后，应先清理其口鼻内的泥沙等杂物，如有呼吸和心跳，可屈膝，将其腰腹部置于自己腿上，使其头部向下，然后按压其背部。如呼吸、心跳停止，立即对其进行人工呼吸，或采用胸外心脏按压的方法进行心肺复苏，并尽快送医救治。

图3-11 溺水时的他救

千万不要到野外玩水，千万不要盲目下水救人！

六 家庭危化品事故

（一）了解危化品

危化品即危险化学品，包括爆炸品，压缩气体和液化气体，易燃液体，易燃固体、自燃物品和遇湿易燃物品，氧化剂和有机过氧化物，毒害品和感染性物品，放射性物品，腐蚀品等。危化品对人体健康、公共卫生和环境安全等都会带来极大的危害。

危化品

毒害性　　　　腐蚀性　　　　燃烧性　　　　爆炸性

易燃爆　　　　危害人体健康　　　　污染环境

图3-12　危化品的特点及危害

（二）生活中的危化品

1. 酒精

酒精蒸气与空气混合易引起爆炸，靠近明火及在高温度环境中也会易燃爆。

酒精应存放于家中阴凉通风处。

远离火源及热源，避光存放。

图3-13　酒精

花露水中含有酒精成分，使用后勿靠近明火或使用电蚊拍，应存放于阴凉处。

图3-14　花露水

2. 打火机

打火机的燃料为可燃性气体，经加压后充入封闭气箱，在温度较高环境中极易爆炸。

应选择家中阴凉处存放，远离火源和其他高温物品。

切勿放在车内或阳光直射处，以免在高温环境中爆炸。

防止打火机被挤压或摔落。

图3-15　安全放置打火机

这些易燃罐装品多含有丙烷或丁烷等易燃易爆成分，同样可能在阳光直射或其他高温环境中爆炸，要在阴凉通风处存放。

图3-16　妥善放置生活中的其他易燃品

3. 杀虫剂

杀虫剂中的"喷雾"来自液罐内的推动剂，其主要成分为丙烷、丁烷等易燃物质，与空气混合后易形成爆炸性混合物，遇明火或高温会发生爆炸。而且杀虫剂受外力撞击时，其内部压力会急剧升高，超过罐底的耐压强度就会爆炸。因此，使用时应避开明火并在阴凉处储存。

图3-17　杀虫剂

4. 家装材料

很多家装材料如人工板材、油漆及黏合剂中含有甲醛、甲苯类化合物、挥发性有机气体（VOC）等，危害人体健康，虽然正规厂家生产的材料都符合国家标准，但累积到一定浓度还是会引起室内装修污染，令人眼睛刺痛、流泪、头晕恶心、胸闷和呼吸困难等，需要注意和防范。

图3-18　家装材料

5.84消毒液及洁厕灵等酸性腐蚀物

这些酸性腐蚀物的主要成分是强酸或浓弱酸，腐蚀性较强，经常直接用手接触的话可使皮肤产生过敏、红肿等反应，而且其释放出的刺激性气味，会损害呼吸道黏膜。因此使用时，应注意浓度不要太高，戴手套使用以避免直接接触皮肤。尤其是84消毒液不要和洁厕灵同时使用，防止产生有毒气体。

图3-19　消毒液和洁厕灵

6. 水泥浆、石灰水等碱性腐蚀物

水泥浆、石灰水等碱性腐蚀物中强碱的皂化作用易腐蚀皮肤、织物、器皿等，在水里溶解时还会同时产生高热，易造成皮肤烫伤。

图3-20　水泥浆与石灰水

7. 汽车防冻剂、农药等含乙二醇的有毒物质

汽车防冻剂和农药中含有无色、无臭而略带甜味的黏性液体乙二醇，易造成儿童不慎误食，在体内代谢成更危险的乙二酸（草酸）。如误服，一定要及时去正规医院采取催吐、洗胃、灌肠、导泻等急救措施。

图3-21　汽车防冻剂与农药

（三）应急处置

1. 发现疑似危化品应立刻报警并报告具体位置及危化品大体情况。

2. 若遇到发生危化品事故，应用湿毛巾捂住口鼻，立即向上风口有序撤离。

3. 在事故现场应严禁一切火源，勿开灯和使用其他电器，以防引起爆炸和火灾。

4. 如发现有人中毒，应立即将其转移至空气新鲜处，保持其呼吸通畅并脱去污染衣物，迅速用大量清水或肥皂水清洗被污染皮肤，注意保暖。眼部受污染者，用清水持续清洗10分钟以上。严重者及时送医诊治。

七 电梯意外

（一）乘坐直梯发生意外事故时的应急处置

1. 立即按下电梯内的报警按钮或用对讲机、电话与管理员联系，等待救援。

2. 如果报警无效，可以间歇性呼叫或拍打电梯门，保持体力。

3. 靠在电梯墙壁上，调整呼吸。

4. 勿采取乱蹦乱跳等过激行为浪费体力。

5. 勿强行扒门爬出，以防电梯忽然开动。

6. 仰卧易导致呼吸困难，勿仰卧在电梯内。

图3-22 直梯意外事故的应急处置

（二）乘坐扶梯发生意外事故时的应急处置

1. 立即大声呼叫乘客或工作人员在扶梯出入口处按下紧急制动按钮，停止扶梯运行。紧急制动按钮通常设置在扶梯两端，位于踏板附近和扶手侧下方，是一个红色或黄色圆形按钮。

图3-23 电梯紧急制动按钮

2. 握紧电梯扶手以保持身体平衡，大声呼救的同时，尽量提醒周围人及时做好应对措施。

3. 如在扶梯上跌倒，设法两手相扣以保护后脑和颈部，两肘向前，护住太阳穴，避免挤压踩踏危险。

八 儿童丢失

（一）儿童走丢后的应急处置

1. 家长勿惊慌失措，保持冷静并立即返回刚才与孩子失散的地方，沿路寻找孩子。

2. 如果是在商场、游乐园、浴场等地方与孩子走失，应迅速前往服务台，广播寻人。

3. 拿出孩子照片，询问走失地段周围的群众是否看到过孩子。

4. 若还没有找到孩子，则应该立刻报警并启用"十人四追法"，母亲留在原地，父亲发动亲友等一起帮助寻找。

5. 要求调看事发前后监控录像，如果没有，请亲友询问或调看周边监控，寻找线索。

6. 保持手机畅通，以免孩子打电话回来。

7. 利用微博、微信等网络平台和当地交通广播电台等，发布寻人信息，呼吁市民多加注意。

（二）"十人四追法"

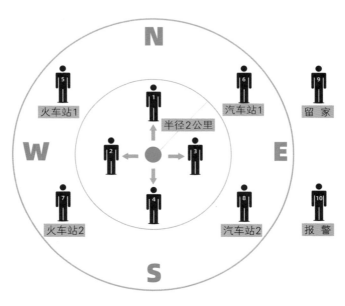

图3-24 "十人四追法"

组织10个人，主要分为两组，一组4个人分别朝四个方向的半径2公里的大路搜寻；另一组4个人分别到四个方向的火车站、汽车站去搜寻；还有2个人，一个负责报警和广播寻人，一个留在家中。孩子走失的第一个24小时是最关键的寻找期。

（三）儿童防走丢自救技能

1. 教孩子牢记自己和父母的姓名、居住城市名和小区地址及门牌号。

2. 平时应让孩子熟记父母及看护人电话号码，知道有紧急情况可以拨打110、119、120求助。

3. 教导孩子在外警惕陌生人，一旦走丢，马上找穿制服的工作人员，不要哭泣，以免引起周围潜伏的人贩子的注意。如果被强行带走，马上大声哭喊求助。

小提示

预防儿童丢失的最好方法就是家长密切关注孩子的行踪，教孩子学会自我保护，防患于未然。

急救常识

一 心肺复苏术

病人出现心跳和呼吸骤停现象时，必须实施心肺复苏术（CPR），合并使用胸外按压、人工呼吸等进行抢救，以恢复病人自主呼吸和自主循环。心肺复苏术是常用的重要急救方法。

（一）适用条件

心肺复苏术适用于心源性疾病（包括心脏骤停、心室颤动、心搏极弱等）和溺水、电击、中毒等意外事故造成的呼吸骤停。当发现病人意识障碍、呼吸骤停、心跳停止时，应立即实施心肺复苏术。

（二）操作步骤

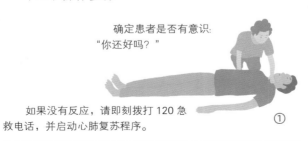

确定患者是否有意识:
"你还好吗？"

如果没有反应，请即刻拨打120急救电话，并启动心肺复苏程序。

①

令患者仰卧在平地上，施救者跪在患者一侧，一只手放在患者前额上稍用力后压，另一只手向上抬起患者下颌，打开气道。

②

观察患者是否存在呼吸，看胸部是否有起伏，听是否有呼吸音，感觉患者是否有气体呼出。如无呼吸，应立即进行口对口吹气。捏紧患者鼻孔，深吸一口气，贴紧患者的嘴吹入，直至其胸廓上升后，捏鼻的手松开。如此反复进行直至患者有自主呼吸。

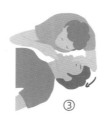

③

确定患者是否有脉搏：将手指放在喉结及颈部肌肉（胸锁乳突肌）旁的凹陷处，触摸颈动脉。如无搏动，则立即进行胸外心脏按压。

④

心脏按压的位置：剑突上两横指。一只手放在此处，另一只手放在上面，两手平行重叠，肘关节打开伸直，借助身体重力向下垂直、快速地用力按压。

⑤

针对成人而言，正确的深度为4—5厘米。按压与放松的力量和时间要均匀而有规律，频率为100—120次/分钟。

图4-1 心肺复苏流程

（三）注意事项

1. 患者出现喘息（即短促吸气且长时间停止）并不代表其尚有呼吸，切勿因此而延误实施心肺复苏。因为喘息是心跳停止常见的呼吸形态，实际上是呼吸、心跳停止，需要进行心肺复苏。

2. 胸外按压时，如按压深度不够，会影响急救效果。应注意观察按压深度。

3. 救护者须减少不必要的按压停顿，应一边按压，一边观察患者反应，不要停下动作去查看患者。

小提示

一旦患者出现意识丧失，60秒内呼吸就可能会停止，4分钟就可能会有脑细胞死亡，要注意的是，只有在病人心脏停止跳动的情况下才能施行胸外心脏按压。

二 气道异物的处理

（一）了解气道异物

1. 气道异物指气管误吸入异物从而引起呼吸道阻塞或窒息，严重者会危及生命，应立即进行抢救。抢救时，需要把握刚阻塞时的黄金6分钟，如果超过6分钟，容易造成脑损伤。

高危人群

婴幼儿

老人

婴幼儿吞咽功能发育不全，牙齿没长全。

老年人吞咽功能衰退，尤其脑血管病患者吞咽功能较差。

图4-2 气道异物阻塞的两大高危人群

2. 气道异物阻塞分为两种情况，完全性阻塞和部分性阻塞。

（1）完全性阻塞：异物进入气道后，完全堵死气道，患者突然停止说话或进食并出现窒息的痛苦表情，不能咳嗽、不能呼吸、不能说话，脸或肢端发青发紫，随即意识丧失，甚至呼吸、心跳停止。

说不出话

不能咳嗽

呼吸困难

面色青紫

双手护喉

图4-3　气道异物阻塞的表现

（2）部分性阻塞：患者会马上出现剧烈呛咳并间歇性地发出哮鸣音，这是气管本能性的自我保护反应。在咳嗽过程中，肺部气体有可能利用通过的气流将气道中的异物冲击出去。对于轻度患者，咳嗽是最好的排除阻塞的方法。

日常生活中常用的给气道异物阻塞患者拍背的方法容易导致异物向下而更深入气道，只有让患者用力低头弯腰后再拍背，借助重力和震动的作用才有利于异物排出。

（二）海姆立克急救法

海姆立克急救法是美国的海姆立克医生于1974年发明的一种用于气道异物阻塞的快速急救手法，也叫上腹部冲击法、胸部冲击法。

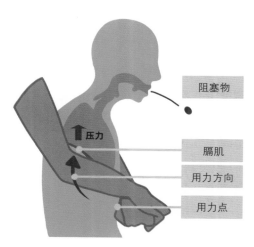

图4-4　海姆立克急救法示意图

● 海姆立克急救法原理 ●

利用冲击腹部——膈肌下软组织被突然冲击，产生向上的压力，压迫两肺下部，从而驱使肺内残留空气形成一股带有冲击性和方向性的气流，并快速进入气管，使堵在气管口的食物或异物排出。

1. 成人急救（站立）

大一些的儿童和成人发生气管异物阻塞，可按照以下步骤采取海姆立克急救法。

（1）抢救者站在患者背后，用两手臂环绕患者的腰部。

（2）一手四指握住大拇指握紧成拳，并将拳头的拇指一侧抵住患者腹部脐上二横指的胸骨下方位置，远离剑突；另一只手握紧攥拳的手，双手用力向上快速冲击和压迫病人腹部。

（3）反复快速冲击，以便于解除阻塞，直到把异物从气道内排出来。

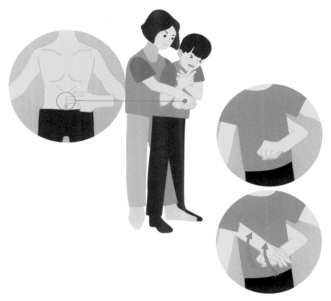

图4-5 海姆立克急救法示意图

如果气道异物阻塞病人怀孕或过于肥胖，应该使用胸部冲击法：抢救者站于病人背后，两臂从病人腋窝下环绕其胸部，于其胸骨之间握紧拳头，避开肋骨边缘和剑突，向后冲击数次，直至排出异物。

2. 成人急救（卧位）

患者意识不清、昏迷倒地时，救护者应将其放置为仰卧位，面向患者，两腿分开跪在其左侧或骑跪在病人髋部，双手叠放，一手置于胸骨中下部1/3处，另一只手向前上方快速用力挤压，间隔几秒后重复操作，直至异物被冲出气道。检查病人口腔，迅速将异物从口腔一侧取出。如果患者已停止了呼吸，要立即在排出异物后进行人工呼吸。

图4-6 成人急救（卧位）

3. 自救

弯腰寻找桌子边、椅背、栏杆等固定物体依靠，一手握拳，一手用手掌按在拳头上，双手快速向内上方用物体边缘冲击和压迫自己的腹部，反复有节奏地用力进行。

图4-7 自救

（三）婴幼儿气道异物阻塞的急救

为避免损伤婴幼儿腹腔内气管，不可对其运用海姆立克急救法，而应采取拍背压胸法。

1. 拍背法

使患儿面朝下，头部低于身体，趴在操作者前臂上，操作者将前臂支撑在自己大腿上方，一只手固定住患儿头颈部，另一只手在患儿背部的两肩胛骨间连续拍打5次。

2. 压胸法

拍背无效时，将患儿翻转过来，面朝上，在其胸骨下半段，用食指和中指按压胸部1—5次（两乳头连线中间下方一横指处）。反复交替进行拍背和胸部压挤，直至其吐出异物。如未排出，重复动作等待救援。

3岁以下婴儿出现气管异物时，使患儿头朝下，救护者一手支撑患儿头颈部，一手拍打或按压患儿的背部中央。

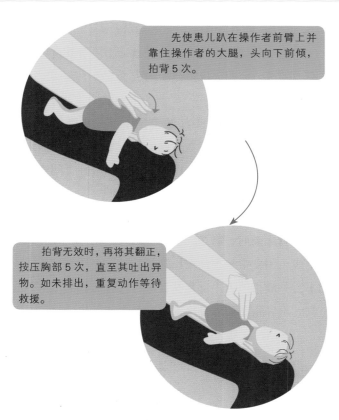

先使患儿趴在操作者前臂上并靠住操作者的大腿，头向下前倾，拍背5次。

拍背无效时，再将其翻正，按压胸部5次，直至其吐出异物。如未排出，重复动作等待救援。

图4-8 婴幼儿气道异物阻塞急救

 小提示

施救后，应检查患者口腔，如异物被冲出，迅速用手取出，并及时检查患者的呼吸和心跳。不要忘记同时拨打120急救电话。

要注意积极预防气道异物阻塞，养成吃饭时不说笑、细嚼慢咽的良好习惯。儿童忌吃饭时到处奔跑、玩耍或哭闹。切勿喂食其瓜子、豆子之类的小粒食品，也不可将纽扣等小件物品给其玩耍，以免误入气管。

三 生活中常见外伤的处理

生活中沸水、热油、热蒸汽经常会造成烫伤和烧伤，如果能及时妥善处理，就会防止和减轻不良后果。

（一）烧烫伤

1. 烧烫伤按深度一般可分为三种：一度烧烫伤，只伤及皮肤的表皮层，受伤的皮肤发红、肿胀和疼痛，但无水泡；二度烧烫伤伤及真皮层，会有明显水泡和局部红肿发热，疼痛感较强；三度烧烫伤是伤及全身皮肤包括皮下脂肪、肌肉等，皮肤坏死并损害神经，疼痛感不剧烈。

2. 被烫伤后，可立即用凉水冲浸伤处15—30分钟，这样有助于减轻肿胀疼痛、防止产生水泡，然后用烫伤膏敷于烫伤部位，并3—5天内每天连续换药。如果伤在其他部位，可隔毛巾冷敷处理。大面积烫伤时应立即送医诊治。

3. 被烧伤后，应第一时间隔断热源，尽量保持呼吸畅通。如伤处包裹有衣服或鞋袜，切勿急忙脱去被烫部位的衣物，否则易使表皮随之一起脱落且增加感染风险。可充分冷水降温并泡湿后再小心去除或用剪刀将患处周围的衣物剪开，可暂时保留粘连部分，尽量避免弄破水泡。严重者尽快就医。

3. 一定注意不要在烧烫伤部位涂抹米酒、牙膏、酱油等物品，不要轻信各种偏方。可视严重程度和创面大小有针对性地采取措施。

（二）止血

一般来讲，一个成年人身体内总血容量为4000毫升左右，短时间内出血量达到总血容量的20%左右时，会出现皮肤苍白、出冷汗、血压下降、头晕、脉搏细弱等症状。如果出血量接近总血容量一半时，会立刻危及生命。

外伤引起出血后，首先应判断受伤部位从而采取相应措施。除了一般性的轻微外伤出血可以自己处理外，其他出血应在简单包扎后，及时就医处理。

不同血管类型的外伤出血

动脉出血

静脉出血

毛细血管出血

喷射状鲜红色血液，出血量大，几分钟内可危及生命，造成失血性休克。

暗红色血液缓慢流出，大静脉损伤时出血量较大，应及时加压止血。

逐渐往外渗血，可在家进行常规止血处理。

跌、撞、挤挫伤造成皮下软组织内出血，形成血肿、瘀斑。

表面未见出血，血液由破裂的血管流入组织、脏器或体腔内（如胸腔内、腹腔内和颅腔内）。

血液从表皮破损处流出。

伤者面色苍白、吐血、腹部疼痛、脉搏跳动快且弱，情况较严重，现场无法处理，必须立即送医。

图4-9　外伤出血类型

现场止血方法（只适用于外出血）如下。

1. 指压法

指压法是不需要借助工具的最简便有效的临时性止血方法。用手指或手掌压迫伤口靠心脏方向的一侧动脉，将其压向深部骨头，阻止血液流动。指压法适用于紧急情况下头面颈部和四肢某些部位出血时的急救。缺点是止血不持久，而且需要了解各部位血管出血正确的压迫点才会有效。

2. 加压包扎法

压迫动脉超过10分钟未能止血的话，应选择使用此方法。用流动的生理盐水冲洗伤口，并用消毒纱布、棉垫等敷料盖住伤口，再用力加以包扎，先盖后包，加大压力以止血，同时也应力度适中，以能止住血又不影响伤肢的血液循环为宜。须每天更换敷料，保证伤口的清洁和干燥。此法适用于四肢、头顶、躯干等体表血管外伤出血的情况。

3. 止血带止血法

四肢大动脉出血且使用上述方法止血无效时采用止血带止血法，它是快速、彻底而最有效的止血方法。常用止血带有橡皮带、宽布条、毛巾等。使用前，应将伤处抬高，以使静脉血回流，并用消毒纱布等敷料垫好后再扎止血带。扎止血带的部位应尽可能靠近伤口，持续时间不超过1小时，每隔30分钟放松止血带2—3分钟，以免肢体缺血而产生不良后果。

酒精：常用外伤消毒品，在常见擦伤、出血等情况下可以使用，但如果受伤面积大、伤口深，则需要用生理盐水冲洗。污染严重的话可先用过氧化氢（双氧水）消毒，再用生理盐水冲洗，最后进行酒精消毒。

碘酒、红药水：都是外伤常用消毒用品，在擦伤、挫伤、割伤等情况下使用，但不可同时使用，否则易引起中毒。

紫药水：只用于治疗感染黏膜或烧烫伤。

红花油：常用于治疗跌打损伤、风湿骨痛、蚊虫叮咬、提神醒脑等。

图4-10　常用外伤消毒品

（三）骨折

骨折有很多种类型，摔倒或受其他外伤后，除了骨头部位的疼痛，伤者还会有受伤部位皮肤组织红肿热痛、肿胀、活动受限、畸形、骨擦音等症状，这些都是骨折的外在表现，必须及时拨打急救电话，立即就医。一些有严重骨质疏松症的老年人以及很多绝经后的女性更容易骨折。生活中骨折的治疗方法主要取决于骨折的严重程度和类型。

1. 使患者平卧。不要盲目搬动患者和复位，避免加重伤口损伤。

2. 检查受伤部位。寻找身边的树枝、木板、木棍、杂志等作为支撑物，对受伤部位进行固定，防止伤情加重。

3. 没有固定物时，可用手帕、布条等将受伤上肢固定在其胸前，受伤下肢可以与未受伤的另一下肢捆绑固定在一起。

图4-11　骨折时的急救

 小提示

手臂骨折时尽量抬高于心脏的位置，可有效避免伤处发生肿胀。四肢骨折固定的次序为：先捆绑骨折伤处的上端，肢体屈肘状捆绑；后捆绑骨折伤处的下端，肢体伸直捆绑。

（四）动物咬伤

1. 狗咬伤

人被普通的狗咬伤后，仅会有局部皮肉损伤，不会危及生命；如果是被疯狗咬伤且未进行及时处理，则常会引起狂犬病。因此，人被狗咬伤后，要立即采取急救措施。

（1）在伤口的上、下方勒住止血带或绳子、带子等，设法用拔火罐等方法将伤口内的血液及时吸出来；或及时用针刺破伤口，挤出血来。

（2）用1∶2000的高锰酸钾溶液或过氧化氢（双氧水）、肥皂水等反复冲洗伤口至少半小时。然后用70%的酒精或烧酒涂抹伤口，勿包扎、缝合。

（3）立即前往医院注射狂犬病疫苗及破伤风针。

2. 毒蛇咬伤

（1）立即用皮带、绳子、布条等在患肢伤口近心端5—10厘米处缚扎，以阻断局部淋巴及静脉回流，减少毒素的吸收、扩散。

（2）反复冲洗伤口，缚扎后设法清除伤口内毒液。如身边无0.1%的高锰酸钾溶液，可用肥皂水、凉开水等冲洗伤口及周围的皮肤并尽快就医。

（3）被毒蛇咬伤12小时内，去医院切开伤口排毒，注射抗蛇毒血清。

（4）注射破伤风抗毒素和抗生素防止混合感染，积极预防并发症。

小提示

被咬伤后伤肢不可乱动，让伤口低于心脏位置，最好浸泡在冷水中或冷敷。可多喝水以促进毒素代谢。

3. 蜂蜇伤

黄蜂或蜜蜂等叮咬人的皮肤后，会出于防御性本能而将毒刺刺入皮肤，因此，应迅速检查皮肤中有无残留的毒刺折断在伤口内，有的话则小心地用镊子夹出或用消毒针挑出，并反复用肥皂水冲洗伤口。避免用手挤压或用力处理伤口，否则可能会使毒素挤进体内从而造成局部皮肤坏死。被叮咬部位可用冰袋冷敷，缓解红肿和疼痛。可使用抗过敏药物来缓解，如有其他不适，立即去医院进行抗炎症和抗过敏治疗。